北京市林果乡土专家培训系列口袋书

核桃篇

张洪　郝艳宾　编著

中国农业大学出版社

《北京市林果乡土专家培训系列口袋书》编委会

前　　言

为充分发挥林果业在推动社会主义新农村建设和加快都市型现代化农业发展进程中繁荣农村、富裕农民的重要作用，有效提高首都果农生产技术水平，培养更多的有文化、懂技术、会经营的新型农民，2007年初，北京市园林绿化局、北京市科学技术委员会、北京市农村工作委员会和北京市科学技术协会联合推出了“林果乡土专家行动计划”系列活动。

该活动紧紧围绕“县县有示范，乡乡有专家，村村有能手，最终组建以林果乡土专家为核心的专业技术服务队”的目标，在全市13个区（县）遴选了265名苹果、梨、桃、葡萄、杏、樱桃、枣、柿子、核桃、板栗十大树种的种植大户作为“林果乡土专家”培养对象，聘请在京大专院校、科研院所十大果树专家作为指导专家，通过“专家进村指导、农民进城培训、热线电话咨询、网站解惑答疑”等方式对培养对象进行技术培训和指导，2年来该活动取得了显著成绩，受到上级部门、区（县）林业部门和广大果农的赞许和认可。

为进一步将该活动深入持久地开展下去，我们编写了《北京市林果乡土专家培训系列口袋书》，十大树种单独成册，图文并茂。旨在坚持以服务农民为宗旨，提高农民科技素质为目的，广泛开展多层次、多形式的农民培训活动，为我市培育一批有文化、懂技术、觉悟高的活动在生产第一线的新型林果乡土专家。

由于编者水平有限，书中难免有错误和不足之处，请广大果农和专家批评指正，以便今后修改补充、日臻完善。

在系列口袋书的编写过程中，得到了上级部门、专家及同事们的大力支持和帮助，在此表示感谢！

编　者

2009年4月

目　　录

一、概述

核桃是世界四大干果之一，世界上核桃种植分布在六大洲32个国家，以亚洲、欧洲和北美洲为主。我国栽培核桃历史悠久，公元前3世纪张华著的《博物志》一书中，就有“张骞使西域，得还胡桃种”的记载。核桃的故乡是亚洲西部的伊朗，汉张骞出使西域时传入我国。现今核桃分布我国各地。

张骞使西域

得还胡桃种

燕家台核桃王

图为门头沟区清水镇燕家台村古树核桃，树龄超过300年，胸径128 cm，树高18 m，遮荫面近1亩。2006年7月底，一场狂风肆虐，核桃王惨遭不幸，折断主枝3杈，目前长势衰弱。

核桃营养丰富，在国外被称为“高级干果”，主要用于生实或制作糕点糖果，销售高峰为中东开斋节、圣诞节和复活节。近年来由于加工和储存方面技术的提高，核桃的季节消费已转为全年消费。据世界树生果仁协会统计报道，鉴于人类生存环境的恶化，人类对健康、健脑食品的需求旺盛，果仁类食品消费在逐年增加，核桃仁由原来供富人消费的产品，逐渐平民化，年需求量以5%累计增长。中国国内对核桃仁消费需求也以每年10%～20%增长。2005年全世界核桃产量达到149万吨，中国为42万吨，位居世界第一，美国30.8万吨，其次是伊朗、土耳其、印度、法国、巴西、东欧等国。

核桃糕

二、北京地区核桃生产现状与展望

北京是我国核桃的主要产区之一，2005年全市有核桃面积163 918.5亩，483.91万株，产量达到1.34万吨，占全国核桃总产量的3.2%，其中98.5%的面积和83.2%的产量在山区。同全国其他核桃主要产区一样，北京市核桃的生产正处于由实生、散生栽植向集约化、品种化栽培的转型期，栽培技术较为落后。目前，北京市还没有规模化的核桃营销和加工企业，核桃销售主要以商贩收购、个体零售为主。

北京地区核桃面积与株树

区（县）	面积（亩）	比例（%）	株树（万株）
山区县	161 460.0	100.0	475.88
平谷	46 128.0	28.6	119.54
房山	41 247.0	25.5	123.93
门头沟	26 191.5	16.2	90.52
密云	21 466.5	13.3	77.16
昌平	15 936.0	9.9	27.68
延庆	6 414.0	4.0	25.50
怀柔	4 077.0	2.5	11.55

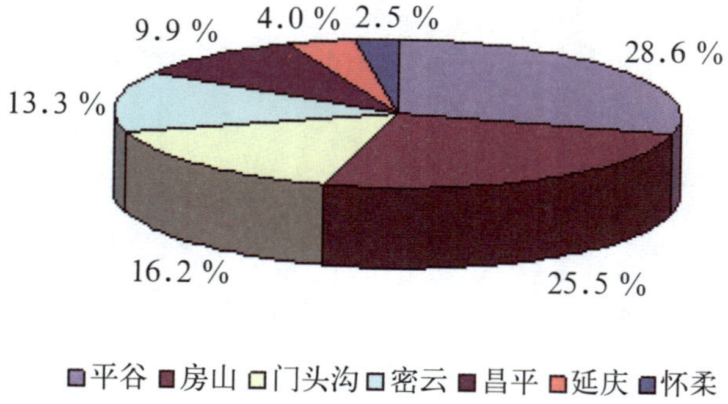

北京市山区县核桃面积分布比例示意图

近几年由于核桃的价格连年上涨，全国各地核桃栽植的面积迅速扩大。据不完全统计，“十一五”期间云南省规划核桃栽植面积为240万 hm^2，新疆规划核桃栽植面积为20万 hm^2，甘肃陇南现有核桃栽植面积已达到66.7万 hm^2。可以预计，中国的核桃产量在5年后将超过100万吨，是目前的2倍。为了保障核桃产业的顺利、健康发展，应当重视核桃采后商品化处理，提高核桃商品品质。

北京是我国的首都，政治、经济、文化的中心，经济发达，人口密集，国内外流动人口多，是核桃产品的销售集散地。随着人们生活的提高，核桃的消费需求日增，核桃产品价格飞涨，2006年的核桃价格比2005年提高了一倍，薄皮核桃的价格达到40元/kg，普通核桃达到16元/kg，种植核桃的农户取得了较好的经济效益。本市生产的核桃绝大部分带青皮或未经晾晒就卖掉了，如果将核桃产品进行深加工，提高其产品的附加值，会进一步提高其经济效益。因此，利用北京科研和技术的优势，加强自主研发和引进适合中国国情的核桃采后商品化处理设备，倡导农民对核桃进行适时采收并进行必要的清洗、干燥、分级等商品化处理，从而提高市场竞争力。

三、核桃优良品种简介

薄壳香 选自北京农林科学院林业果树研究所的新疆实生核桃引种园。

树势较旺，树姿较开张，分枝力中等，较丰产。属于雌雄同熟型。坚果长圆形，单果重12 g，壳面较光滑，色较深；缝合线较窄而平，壳厚1.0 mm。易取整仁，出仁率60%左右。味香，不涩。适应性强，较耐干旱、瘠薄土壤，树干溃疡病、炭疽病及黑斑病发生率低，适宜在山地丘岭土层较深厚处栽培。

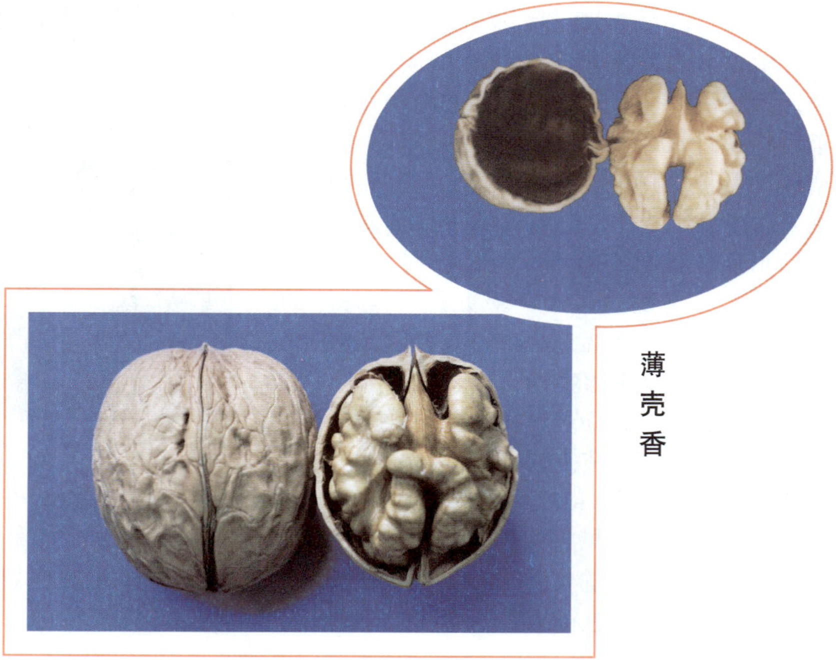

薄壳香

香玲　产地山东省，由山东省果树研究所人工杂交选育而成。

树势生长中庸，树姿直立，树冠呈圆柱形，分枝力强，每个母枝平均抽4～5个新枝，枝较粗，平均长10 cm左右，有二次生长，在栽培条件好的情况下，二次枝生长量可达80 cm以上。北京地区3月底至4月初发芽，4月中旬雄花散粉，为雄先型，4月下旬雌花盛期，9月上旬果实成熟，11月落叶。坚果长椭圆形，坚果的大小常因不同地区和结实多少而变化。单果重9.5～15.4 g。果壳面较光滑，缝合线平，不易开裂，取仁极易，出仁率53%～61.2%。果仁饱满，色浅。丰产性能好，每平方米冠幅投影面积产仁量在180 g以上。果枝率达85.7%，侧生果枝率89%。每个果枝平均坐果1.6个。该品种适合林粮间作和山地梯田边沿栽植。在土层薄、干旱地区和结实量太多时坚果变小。结果期需要适度修剪以保持树体健壮。

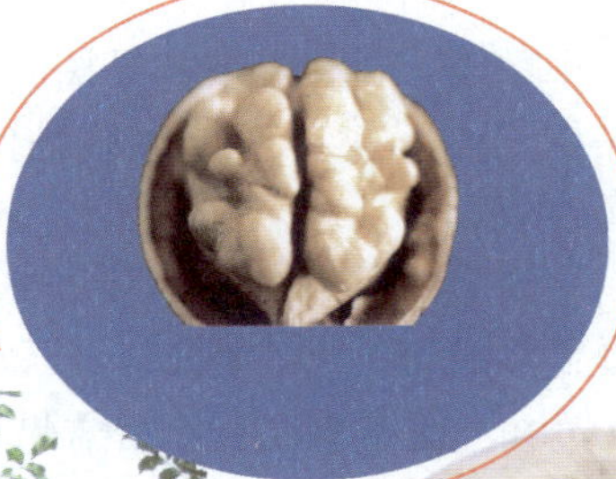

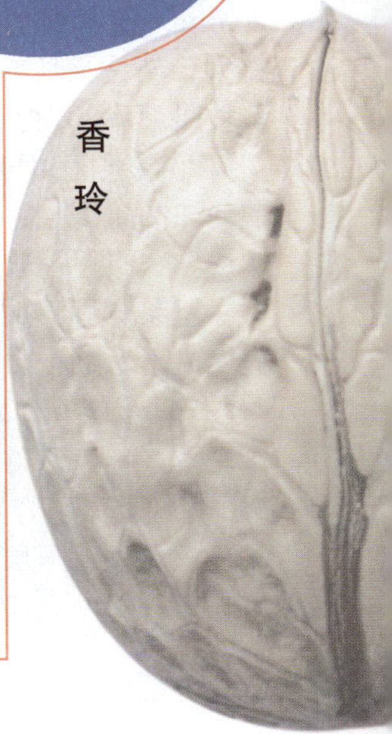

香玲

鲁光 由山东省果树研究所用新疆无性系品种“卡卡孜”×早实核桃优系“上宋6号”杂交育成。

树势生长较强，树姿开张。分枝力强，平均每个母枝抽5～6个新枝，枝较粗，平均长度15～20 cm。通常2年生开始结果，结果枝属于长果枝型，新枝果枝率为81.8%，侧枝结实能力强，侧枝果枝率80.8%，每个果枝平均坐果13个。

北京地区3月底至4月初发芽，4月中旬雄花散粉，为雄先型，4月下旬雌花盛期，9月上旬果实成熟，11月落叶。

坚果卵圆形，稍大，单果重平均16.7 g。果壳面光滑，缝合线平，不易裂开，壳较薄，可取整仁，取仁率56.2%～62%。

丰产性强，每平方米冠幅投影面积产仁量在200 g以上。

该品种在土层厚的山地、丘陵栽植，适宜林粮间作。

鲁光

辽核1号　产地辽宁省，由辽宁省经济林研究所人工杂交培育而成。

树势强健，树姿直立，枝条密集粗壮，树冠圆形或圆柱形。分枝性强，5年生新枝可达492个，发枝力平均38个。在良好的栽培条件下，常发生二次枝。2年生开始结果，结果枝长度平均6 cm左右，粗1 cm左右。果枝率为90%左右，侧生果枝率最高可达100%。每个果枝着生雌花2～3朵，坐果率60%左右，每个果枝平均坐果1.3个。连续丰产性强，每平方米冠幅投影面积产仁量200 g以上。

坚果圆形，顶部稍尖长；壳面有浅刻沟，较光滑，缝合线微隆起或平，不易开裂。三径平均3.4 cm，单果重10 g左右，壳皮厚度0.9 mm左右，内隔壁膜质或退化，取仁极易，可取整仁，出仁率56%～60%。果仁饱满、黄白色。北京地区4月初芽开裂，4月中旬雄花散粉，4月下旬雌花出现，4月底雌花盛期，属于雄先型。6月中旬二次雄花散粉，9月上旬果实成熟，11月初落叶。抗逆性强，表现抗病、抗风和抗寒。

该品种适宜在土壤条件较好的地方栽培，适于四旁绿化，林粮间作，也适于早密丰栽培。

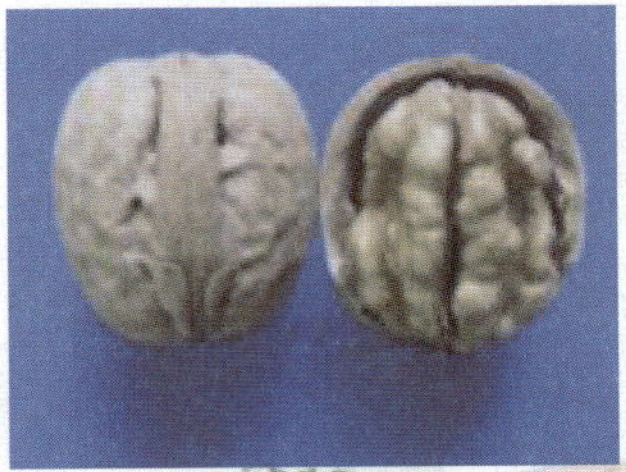

辽核1号

辽核4号（原50609）　由辽宁省经济林研究所人工杂交培育而成。

树势中庸，树姿开张，枝条疏散，树冠长圆形。发枝力5年平均为3.8。在良好的栽培条件下，幼树抽生二次枝的能力较强，一般每个母枝2～3个，以后减弱。

2年生开始结果，结果枝平均长6 cm，粗0.7 cm，属于中短枝型。侧芽抽生结果枝的能力强，果枝率可达100%。每个果枝着生雌花多为2朵。平均每个果枝坐果1.5个，坐果率75%。每平方米冠幅投影面积产仁量200 g以上。

坚果圆形，果顶微尖，果壳表面光滑，缝合线平或微隆起，不易开裂。三径平均3.4 cm，单果重11.4 g。壳皮厚0.7 mm。取仁极易，可取整仁。仁饱满，色浅，出仁率58%～62.2%。

北京地区4月初芽开裂，4月中旬雄花散粉，4月下旬雌花出现，4月底雌花盛期，属于雄先型。6月中旬二次雄花散粉，9月上旬果实成熟，11月初落叶。

辽核4号

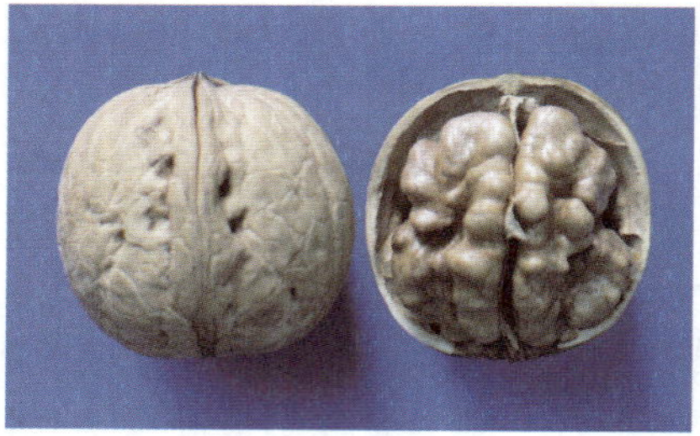

辽核7号　产地辽宁省，由辽宁省经济林研究所人工杂交培育而成。

树势强壮，树姿开张或半开张，分枝力强，5年生树高2.7 m，无大小年现象，5年生可产4.7 kg。属于雄先型，坚果圆形，单果重10.7 g，壳面极光滑，色浅，壳厚0.9 mm，可取整仁，核仁重6.7 g，出仁率62.6%，核仁充实饱满，黄白色，风味佳。该品种连续丰产性强，抗寒，抗病，适宜我国北方核桃栽培区发展。

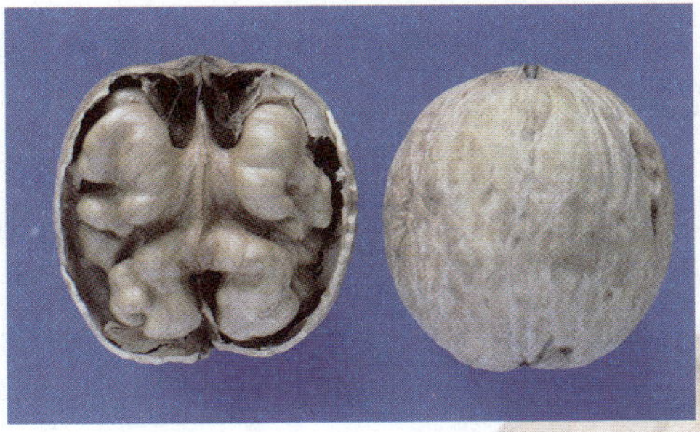

辽核7号

辽核5号　产地辽宁省，由辽宁省经济林研究所人工杂交培育而成。

适合北京地区种植，树势中等，树姿开张，分枝力强，属短枝类型，树体矮化；属于雌先型，坚果长扁圆形，单果重10.3 g，壳面光滑，色浅，壳厚1.1 mm，可取整仁，出仁率54.4%，核仁重5.6 g，核仁浅黄褐色，风味佳；该品种连续丰产性极强，抗病，特抗风；适合于在水肥条件较好的沟谷和平地栽培。

辽核5号

元丰　1975年山东省果树研究所从山东省邹县草寺新疆早实核桃实生园中选出，1979年定名并通过省级鉴定。

树势中庸，树姿开张，分枝中等，丰产，属于雄先型。坚果卵圆形，单果重12.0 g，壳面较光滑，色较浅；缝合线较窄而平，结合紧密，壳厚1.2 mm。易取整仁，出仁率50.6%左右。核仁充实饱满，色较深，味香，略有涩味。适应性较强，产量高且稳定，可带壳销售，适宜在山地丘岭土层较深厚处栽培。

中林1号　由中国林业科学研究院林业研究所经涧9-7-3×汾阳串子人工杂交选育而成。

树势较旺，直立性强，分枝力强。雌先型，中熟品种，坚果圆形，单果重14 g。壳面较粗糙，缝合线中宽凸起，壳厚1.0 mm。可取整仁或1/2仁，出仁率54%，核仁浅至中色（饱满时为浅色），味好。该品种抗病性较强，丰产潜力大，适应性强，适宜在山地丘岭土层较深厚处或平原地区栽培。

中林5号　由中国林科院林业研究所从早结实涧9-11-15和早结实9-11-12核桃人工杂交培育而成。

树势生长中庸，树冠圆头形。分枝力强，中长母枝平均抽生8个分枝。结果枝短，属于短枝型。丰产性好，每平方米冠幅投影面积产仁量200 g以上。侧枝果枝率达100%。坚果小，圆球形，壳面光滑较美观，单果重10 g左右，果壳极薄，出仁率65%左右，仁色浅，风味佳。

北京地区4月上旬发芽，4月中旬雌花盛期，4月下旬雄花散粉，属于雌先型。8月下旬至9月初果实成熟，11月落叶。

该品种适合早密丰产栽培，宜中度修剪，在肥水充足时，坚果可增大到14 g。

四、核桃栽培管理主要技术

（一）幼树越冬防寒保护技术

由于核桃幼树枝条髓心大，水分多，抗寒性差，在北方比较寒冷的地区容易遭受冻害，造成枝条干枯。为保证幼树的正常生长，防止冻害，一般在定植后的2～3年内进行幼树的防寒和防抽条的工作。

埋土防寒

1.埋土防寒

在冬季土壤封冻前，把幼树轻轻弯倒，使顶部接触地面，然后用土埋好，埋土的厚度依各地的气候条件而定，一般为20～40 cm。待第二年春季土壤解冻后，及时撤去防寒土，把幼树扶直。此法简便易行且效果良好。对于粗矮的幼树，弯倒有困难时，可在树干周围培土，最好将当年的枝条培严。幼树较高时不宜用此法。

2.双层包裹防寒

(1) 越冬前准备。8月份以后要适当控水、控肥（尤其是氮肥），对于生长过旺的枝条要轻度摘心，以控制虚旺生长，促进枝条的充实，提高枝条的抗寒性。土壤上冻前，浇一次冻水，增加土壤墒情，提高树体的越冬能力。

双层包裹防寒

（2）上冻后，要对树体进行防寒处理。先用报纸条缠一层，然后用塑料条自下而上再缠一层，缠紧绑好，防止进水和大风吹开。下雪天，枝条上若有积雪，雪后要振落积雪，防止积雪融化后进水。

（3）解除防寒。第2年春季发芽前10～15天（一般在3月中旬），解除防寒（早春如遇下雨天进水，要及时解绑）。

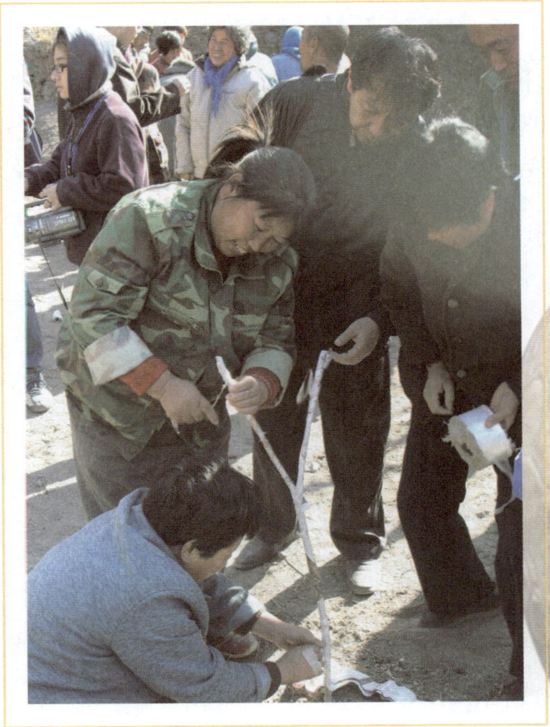

解除防寒

(二)硬枝改接技术

1.砧木选择与处理

选用3～10年生无病虫害、无机械损伤、侧须根系发达、立地条件较好、土层深厚、有水浇条件的普通核桃实生苗作砧木，嫁接部位砧木（主干或侧枝）直经3 cm以上。一般在嫁接前10天，于嫁接部位以上10 cm以上水平剪砧备用，以避免伤流的不利影响。

嫁接前10天水平截砧

放水

2.接穗选择与贮藏

采穗时间为秋季落叶后到第二年2月下旬前（北京地区以11月底前后为宜），在采穗圃或优良母树上采集发育充实、生长健壮、芽孢通直，无病虫害、髓心细小、木质化程度高、直径1.5～2.5 cm没有抽条的当年生营养枝和发育枝。接穗剪成15 cm左右枝段（2～3个饱满芽），接穗全部封蜡（温度不要太高），待接穗冷凉后置于双层塑料布上，覆以湿度为60%～65%的消毒锯末，打包保湿置于-2～0℃的恒温冷库内贮存备用。

改接成效

3.嫁接时间和器具

北京地区可在每年4月15日至5月10日进行，嫁接前5～10天将接穗从冷库移到常温环境下催醒。嫁接前必须准备好嫁接刀、修枝剪、锯、塑料绳、铁锹，装土用的盆（或桶）、专用塑料袋、报纸等物品。

4.嫁接方法采用插皮舌接法

（1）放水。采用三锯螺旋放水法，分别在砧木主干距地面6cm、8 cm、10 cm处，螺旋状锯三锯，每锯占茎粗的1/3～1/2，深达木质部，三锯头尾要在不同水平面上有均匀交叉。

放水

（2）削接面。提前将放穗的砧木选择光泽无疤的一面，削去表皮但未到形成层，将砧木嫁接的断面削平。将接穗生物学下端削成4 cm左右的长舌状大斜面。

削接面

（3）硬枝接。将接穗的皮层和木质部分离，直接将接穗的木质部插入砧木皮层与木质部之间，使二者的皮部相接。

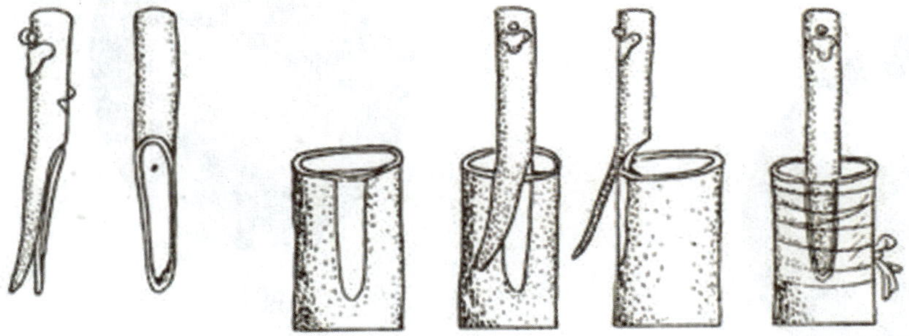

插皮舌接法

硬枝接

（4）捆紧。用塑料绳捆紧绑牢，以免装土时碰歪。

（5）填土与套袋。先用报纸围绕嫁接部位做一纸袋，在接穗舌部到达部位用塑料绳绑紧，纸袋上部高出接穗上部1 cm，然后装入湿度约为16% 的湿土，基本压实，最后用直径15～20 cm，高度30 cm 的专用聚乙烯薄膜袋，从上往下套住，然后在纸袋下口扎紧。

捆紧

填土和套袋

5.接后管理

（1）湿度检查。如发现袋内土壤湿度下降较大甚至干燥，应及时更换湿土。

（2）砧木后期除萌。嫁接后应不定期地观察，发现萌蘖，应立即除掉，直至接穗新梢完全占据优势且萌蘖不再出现为止。

（3）新梢放风。嫁接20天后，要注意观察袋内接芽发芽情况，待接芽长出土面时，应在其上部的塑料袋上开一小孔放风。

（4）除去土袋。待接穗新梢长至30 cm以上时，袋内湿土已干燥，可将袋连土一起去除。

（5）竖立支架。北方春季风大，为防新梢折断，应及时帮缚支架，支架要牢固，然后将新梢绑缚在与支架垂直的位置上。

（6）解除绑缚。待新梢长到60～80 cm时，接口已愈合填满，砧穗牢固结合在一起，此时可将接穗帮绳割开，但不要伤及嫁接愈合体。

如发现接穗未活，应在接口下方根据树形需要留3～4个营养枝，在第二年利用核桃嫩枝嫁接技术直接在这些营养枝上嫁接。

（三）嫩枝嫁接技术

该技术可用于育苗和对2～3年生实生幼树改造。

早春（北京地区3月20日左右），将一年生的核桃实生苗在距地面0.5 cm处平茬，或将其主枝在距树干20～30 cm进行重剪（2～3年生实生幼树）。萌芽后，保留1～2个分布均匀的枝条，其余枝条去除。

1.嫩枝嫁接步骤

嫁接时先在接穗上选取一饱满成熟芽，削去叶柄，在接芽两侧各纵切一刀，深达木质部，长2 cm左右，而后在接芽上下距芽0.75 cm处各横切一刀，深达木质部，然后迅速取下接芽(要带维管束)。

切芽

取芽

削砧木

在实生砧木苗所留枝条的基部适当位置，上下左右各切一刀，深达木质部，大小形状和所取接芽相同，并将表皮取下，迅速将接芽嵌入切口中，用塑料条自下而上包严绑紧，注意使芽外露。嫁接部位以上保留3片复叶剪断，接口以下的复叶全部去除。

2.嫁接后的管理

嫁接后的苗木要及时检查，要及时抹去砧木上的芽。接芽一般在1～15天开始萌芽，在接芽萌发到2～3 cm时，解除塑料绑缚，并在接芽以上1 cm处剪断砧木。为防止新梢被风折断，当新梢长至30～40 cm时，可通过支架进行固定。

接芽生长情况

接后第二年坐果情况（平谷北寨）

（四）幼树整形修剪技术

核桃幼树期整形修剪，主要目的是培养良好的树形和牢固的树体结构，有效控制主侧枝在树冠内合理分布，树冠内各类枝条有充分的生长发育空间，为早果、丰产、稳产打下良好的基础。

核桃修剪时期与其他果树不同，为避开伤流，核桃修剪最好在采收后到叶片变黄之前进行，考虑到核桃幼树抽条严重，核桃幼树可在春季树芽萌发时进行修剪。

幼树期整形修剪的主要任务，包括定干和主、侧枝的培养等方面。修剪的关键，是做好发育枝、徒长枝和二次枝等的处理。

1. 整形

整形修剪对核桃幼树来讲尤为重要，合理的整形修剪，能使幼树健康生长，促进早结果早丰产为结果大树的丰产稳产打下坚实的基础。在生产实际应用中，应根据品种特点、立地条件、栽植密度、管理水平等因素综合考虑确定合适的树形。核桃整形修剪总的原则是不必强调一定要整成什么树形，只需做到“因地因树修剪、随枝做形、有形不死、无形不乱”。

核桃树的树体结构有两种基本形式：一种是有中央领导干的，如疏散分层形，一般由6～7个主枝构成；另一种是无中央领导干的，如自然开心形，一般由2～4个主枝构成。

1）定干

树干的高低与树高、栽培管理方式及间作等关系密切，定干应根据品种的特点、栽培方式等因素而定。早实核桃、早期密植丰产园等可定干低些，一般在0.6～1.0 m。

疏散分层形

开心形

2）培养树形

（1）疏散分层形。分四步完成树形的培养任务。

①于定干当年或第二年，定干高度以上选留3个不同方向的健壮枝作为第一层主枝，层内主枝间距20 cm左右，可在一年或两年完成。第一层主枝选留完毕后，除保留中央领导干延长枝的顶端或芽外，其余枝去掉。

②选留第二层主枝，早实核桃层间距为60 cm，同时开始在第一层主枝上选留侧枝，第一侧枝距中心干40～50 cm，各主枝间的侧枝方向要互相错开，避免重叠、交叉。

③早实核桃在4～5年时，继续培养第一、二层的侧枝。

④继续培养第一、二层主侧枝外，开始选留第三层主枝1～2个，第二层与第三层间距为1.5 m左右，并从最上一个主枝的上方落头开心。至此，整个树形骨架已基本形成。

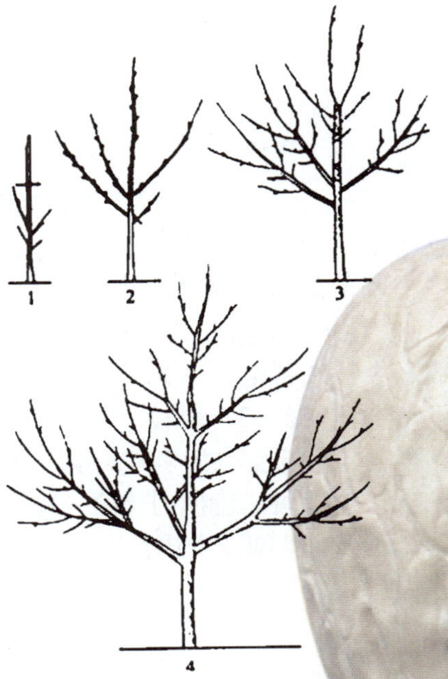

1.定干；2.第一年；3.第二年；4.第三年

疏散分层形整形过程

（2）自然开心形。在定干高度以上按不同方位留出2～4个枝条或已萌发的壮芽作主枝。各主枝基部的垂直距离一般为20～40 cm，主枝可1次性或两次留选完成，各主枝要求长势一致。主枝选留后则开始选一级侧枝，一般情况下每主枝留2～3个侧枝。一级侧枝选留完成后，再在其上选留二级侧枝，第一侧枝上留1～2个二级侧枝、第二侧枝上留2～3个三级侧枝，至此开心形的骨架基本选留完成。

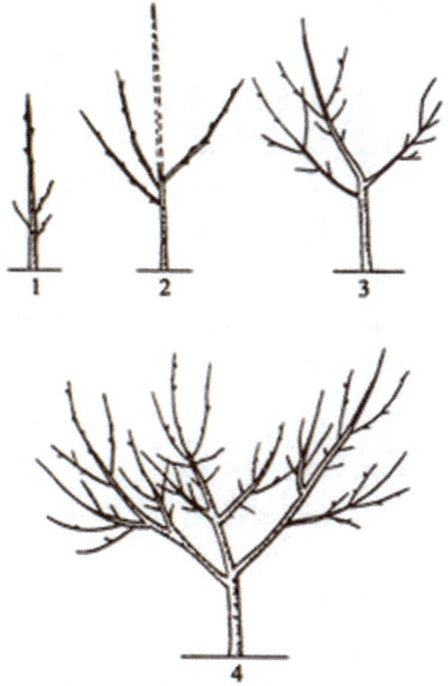

1.定干；2.第一年；3.第二年；4.第三年

自然开心形整形过程

2.修剪

在整形基础上，继续选留和培养结果枝、结果枝组，并及时剪除一些无用枝。具体方法是：

一、控制二次枝的生长，无用可剪除，有用可选留几个。其余全去除或短截培养壮枝。

二、利用徒长枝，特别是早实核桃对其进行摘心等处理；培养健壮的结果枝组。

三、对旺盛营养枝采取不剪或轻剪的原则。

四、疏除过密枝，利用好背后枝。

整形前

整形后

（五）主要病虫害及其防治技术

1. 核桃举肢蛾

核桃举肢蛾属鳞翅目举肢蛾科，又名核桃黑。各核桃产区普遍发生，在土壤潮湿、杂草丛生的荒山沟洼处尤为严重。幼虫钻入核桃果内蛀食，受害果逐渐变黑而凹陷皱缩，常称为“黑核桃”、“核桃黑”。果实受害率常达70%～80%，甚至100%，造成严重减产。

该虫每年发生1～2代。以老熟幼虫在土壤内结茧越冬。第二年5月中旬至6月中旬化蛹，成虫发生期在6月上旬至7月上旬，幼虫一般在6月中旬开始危害，7月危害最严重。因幼虫在青皮内蛀食，虫道内充满虫粪，被害处变黑，危害早者种仁干缩、早落，晚者种仁瘦瘪变黑。

田间鉴别要点：核桃果实变黑，充满黑色虫粪，幼虫暗红色有足。每个果中有幼虫十几头。

防治方法：根据核桃举肢蛾的生活习性，宜采取树上与树下防治相结合的防治方法。

核桃举肢蛾危害早期症状

在采收前，即核桃举肢蛾幼虫未脱果以前，集中拾烧虫果，消灭越冬虫源。

果粮间作和冬季翻耕树盘，对减轻危害有很好的效果。将越冬幼虫翻于2～4 cm厚的土层下面，成虫因不能出土而死。农耕地比非农耕地虫茧少，黑果率也低。间作地区核桃生长旺盛，黑果率低，可因地制宜采用。

幼虫初孵期喷每毫升含孢子量2亿～4亿的白僵菌液或青虫菌或“7216”杀螟杆菌(每克含100亿孢子)1 000倍液(阴雨天不喷，若喷后下大雨，雨后要补喷)，感病和僵化率较高，保果率达80%以上。也可采用40%硫酸烟碱800～1 000倍液，使用时混入0.3%肥皂或洗衣粉可增加杀虫效果。提倡少用化学药剂如菊酯类农药。

核桃举肢蛾危害后期症状

2.桃蛀螟

桃蛀螟属鳞翅目螟蛾科，又名核桃钻心虫、桃斑螟等，是一种杂食性害虫。以幼虫蛀食核桃果实，引起早期落果，或将种仁吃空，使果实不能食用。

该虫每年发生3～4代。以老熟幼虫在树皮缝、贮果场、玉米秆以及其他寄主植物上做茧越冬。第二年4月中下旬化蛹，5月上旬至6月上旬出现成虫。成虫有趋光性，对糖醋液也有趋食性。每隔一个月左右发生一代，直到9月份幼虫先后老熟越冬。

田间鉴别要点：小幼虫多从双果相交处食入果内，虫孔外排出大量虫粪。幼虫红褐色，有明显的黑色斑点，有足。一果中多为一头幼虫。

防治方法：桃蛀螟寄主多，还有转换寄主的特点，防治方法以消灭越冬幼虫为主，并结合防治其他害虫适时喷药。

冬季刮除核桃树粗皮，进行树干涂白，收拾核桃残枝、落叶等烧毁。清除越冬寄主，以消灭越冬幼虫。

诱杀成虫。在核桃集中的地方，装设黑光灯或频谱式杀虫灯，或用糖醋液诱杀成虫。

拾取落果，摘除虫果，集中深埋10 cm以下的土中，以消灭果内幼虫。

在越冬成虫产卵及幼虫初孵阶段，可用40%硫酸烟碱800～1 000倍液，或0.6%清源宝水剂（从植物苦参中提取的杀虫活性物质）800～1 000倍液，或0.5%楝素乳油等植物源杀虫剂。

3.核桃缀叶螟

核桃缀叶螟属鳞翅目螟蛾科，又名木镣粘虫，核桃卷叶虫、缀叶丛螟。以幼虫卷叶取食为害，严重时把叶片吃光，影响树势和产量。

该虫每年发生1代，以老熟幼虫于土中做茧越冬。河北省化蛹期在第二年6月中旬至8月上旬。6月下旬至8月上旬羽化成虫，7月上中旬开始出现幼虫，7、8月份为食害盛期。幼虫常在夜间取食、活动转移，白天静伏在卷包内很少取食。

田间鉴别要点：小幼虫在叶阳面危害，啃食叶肉，叶底面呈油纸状。常100～200头幼虫群栖危害。拉丝网，幼虫在网下取食。长大后逐渐分散，最后一虫一窝，将咬碎的叶片缀于虫窝旁。

缀叶螟幼虫

防治方法:在秋季和春季(封冻前或解冻后)，于受害树根颈附近挖虫茧，消灭越冬幼虫。

7～8月份幼虫多在树冠上部及外围枝叶上卷叶危害，极易发现虫叶，可摘除虫叶消灭幼虫。7月中下旬选用3%除虫菊乳油600～800倍液，或7.5%鱼藤酮600～800倍液或40%硫酸烟碱800～1 000倍液，或杀螟杆菌(每克含50亿孢子)80倍液喷雾防治幼虫,效果很好。

4.木镣尺蠖

木镣尺蠖属鳞翅目尺蠖蛾科，又名木镣步曲、黄连木尺蛾、洋槐尺蠖、小大头虫等，是一种暴食性食叶害虫,食性杂。

该虫每年发生1代，以蛹在石堰根、梯田石缝内及树干周围的土中越冬。第二年5月上旬(日平均气温25℃左右)羽化为成虫，7月中下旬为盛期，8月底为末期。成虫趋光性强，多于夜间活动。

田间鉴别要点：小幼虫危害叶片出现斑点状半透明痕迹，或小空洞。幼虫长大后沿叶片边缘啃吃成缺刻，或只留叶柄。小幼虫黑色，长大后体色变化较大，在核桃上多为黄绿色。腹足一对着生在第6节。颅顶左右突出。

防治方法：在虫蛹密度大的地区，晚秋或早春在树盘内人工挖蛹。

成虫羽化期，用黑光灯或堆火诱杀成虫。有条件的园内每30亩挂一台频谱杀虫灯，效果良好。

在幼虫4龄前(体长18 mm左右)，用0.6%清源宝水剂800～1 000倍液，或7.5%鱼藤酮600～800倍液,或3%除虫菊乳油600～800倍液,或0.65%茴蒿素水剂300～400倍液,或灭幼脲类农药喷雾防治，效果较好。

5.云斑天牛

云斑天牛属鞘翅目天牛科，又名白条天牛、啄木虫、核桃天牛等。成虫啃食新枝嫩皮，幼虫蛀食皮层和木质部。还会导致木蠹蛾危害和木腐菌寄生。危害严重的地区受害株率达95%。核桃树干受害后，大部分整株死亡，是核桃树的毁灭性害虫。

云斑天牛发生世代因地而异，越冬虫态也有不同。一般1～3年发生一代，5月份为成虫羽化盛期，6月份为产卵盛期，成虫有假死性。

田间鉴别要点：被害部皮层稍开裂，从虫孔排出大量粪屑。危害后期皮层开裂。木质部中虫道比木蠹蛾少。成虫羽化孔多在上部，呈一大圆孔，幼虫淡黄色，无足。成虫黑褐色或灰褐色，触角鞭状，长于体。

云斑天牛成虫

防治方法：防治云斑天牛必须在危害初期就抓紧进行，以防止幼虫食入木质部危害。成虫发生期，经常检查，利用成虫的假死性和趋光性，人工捕杀成虫；冬季或产卵期前，生石灰5 kg、硫磺0.5 kg、食盐0.25 kg和水20 kg充分拌匀后，涂刷树干基部，以防成虫产卵，也可杀死幼虫；成虫产卵后，经常检查，发现有产卵破口刻槽，用锤敲击，以消灭虫卵和初孵幼虫；幼虫蛀入树干后，可用细铁丝尖端弯一小钩，伸入虫孔，钩杀幼虫。清除排泄孔中的虫粪、木屑，用土农药百部根(又名九丛根)，切成段堵入洞内，用粘泥封住虫孔，药杀幼虫。

6.草履蚧壳虫

草履蚧壳虫

草履蚧壳虫属同翅目珠蚧科，又名树虱子。以幼虫和雌虫刺吸口器插入嫩芽和嫩枝皮内吸食汁液，影响发芽和树势。草履蚧全身被满白色蜡粉，渗透力不强的药剂难以接触虫体，因此药剂防治收效不大。一旦发生易于成灾，应引起注意，务必把此虫消灭在大发生之前。

草履蚧每年发生1代，以卵在树根附近的土中过冬。黄河故道地区4月份危害最为严重。4月下旬爬到粗皮裂缝或根部土中分泌白色蜡毛化蛹，5月上旬羽化为成虫，5月中下旬下树产卵。

田间鉴别要点:枝干上有一层黑霉，受害越严重黑霉越多。虫体呈草鞋状，身上有白色蜡粉，背面灰褐色。

防治措施：涂粘虫胶阻止若虫上树。若虫未上树前，在树干基部涂胶环(涂胶时最好将树皮刮平，环宽10 cm)，以粘住上树若虫。粘虫胶可用废机油、棉油泥、柴油或蓖麻油各0.5 kg，充分加热熬煮后，加入松香0.5 kg，待熔化后立即停火，即可使用。

在早春风沙大、气温低的地区，涂粘虫胶有一定的困难，可于若虫开始上树时，用6%柴油乳剂喷洒根颈周围土表，杀死初孵幼虫。如果先把根颈周围土壤锄松，然后喷药，效果更好。

若虫上树初期，用0.5%果圣水剂（苦参碱和烟碱为主的多种生物碱复配而成的广谱、高效杀虫杀螨剂）或1.1%烟百素乳油（烟碱、百部碱和楝素复配剂），也能收到一定效果。

注意保护天敌。红缘瓢虫、大红瓢虫等，对草履蚧有很好的控制作用。

7. 芳香木蠹蛾

芳香木蠹蛾属鳞翅目木蠹蛾科，又名杨木蠹蛾。以幼虫群集危害根颈皮层和木质部。切断树液通道，致使树势衰弱，最后全株枯死。

该虫2～3年发生一代，以幼虫在树干中和老熟幼虫在土中做茧越冬，老熟幼虫4～5月份化蛹，5～6月份羽化出成虫，交尾产卵。成虫有趋光性，多夜间活动。

田间鉴别要点：危害时根颈部皮层开裂，有深褐色虫粪和褐色树液流出，木质部虫道多而不规则。幼虫红色，有胸足和腹足，虫体有芳香气味。成虫为大型蛾，触角栉齿状。

防治方法：成虫产卵期利用害虫的趋光性和夜间活动的特性，用黑光灯或频谱式杀虫灯诱杀成虫，当发现根颈部有幼虫危害时，将受害皮层翘起，挖出幼虫杀死。

如幼虫已入木质部危害，可用敌敌畏10倍液注入孔中，注至药液外流为止，然后用泥封口,以杀死干中危害的幼虫。

8. 核桃黑斑病

核桃黑斑病又名果实黑斑病、黑腐病等，是由一种病原细菌引起。病菌主要危害果实，其次是叶片、嫩梢及枝条。常造成早期落果，出仁率低，严重影响核桃的产量和品质。

果实感病后，果面上出现小而微隆起的褐色软斑。后软斑逐渐扩大，并下陷、变黑，外围有水浸状晕圈。叶片感病，首先在叶脉及叶脉的分叉处出现褐色小点，扩展后病斑多呈方形或多角形，严重时病斑连片扩大，中央脱落形成穿孔，或全叶枯焦脱落。枝梢上的病斑长菱形或不规则形，褐色，稍下陷，严重时病斑扩展包围枝条一圈，上段枯死。

病原细菌在感病枝条、芽苞或茎的老病斑上越冬。第二年春天核桃展叶期借雨水和昆虫活动进行传播。首先使叶片感病，再由叶片传播到果实及枝条上。细菌能侵染花粉，因此花粉也可以成为病原菌的传播媒介。每年4～8月份发病，反复侵染多次。细菌从皮孔和各种伤口侵入。

黑斑病的发生与温度、湿度关系密切，一般温度高、湿度大的雨季是发病的高峰期。

防治方法：选育抗病品种，作为繁育的种源。同时，加强栽培管理，保持树体健壮生长，提高抗病能力。采收后，结合修剪清除病梢，并及时将病落果集中处理，减少病原。核桃发芽前，喷1次3～5°Be石硫合剂，消灭越冬病菌，减少侵染病原，兼治介壳虫等其他病虫害。展叶前喷1：1：200的波尔多液，保护树体，具有一定效果。发病期用70%可湿性托布津粉剂800～1 000倍液，或用多抗霉素喷雾防治，防治效果较好。

9. 核桃炭疽病

核桃炭疽病危害叶片症状

核桃炭疽病是核桃果实及苗木的一种病害。危害幼树和苗木的芽、嫩梢及果实。在新疆主要危害核桃果实，引起早期落果或核仁干瘪，发病重的年份对核桃产量影响很大。

果实上的病斑初为褐色，后变黑色，近圆形，下陷，病斑中央有很多褐色及黑色小点，有时呈同心轮纹。空气湿度大时，病斑上小黑点呈粉红色突起。如发病条件适宜，病斑很小时即可产生褐点，每个病果有1至数个黑斑，病斑连片扩大可导致全果变黑腐烂。叶片病斑成不规则状，多数呈条状枯黄，重病叶片全部变黄。

病原为真菌。病菌在病果或病叶上越冬，成为第二年初侵染来源。如附近有苹果炭疽病，则核桃更易发病。病孢子借风雨和昆虫传播，从伤口和自然孔口侵入。发病期各地略有不同，一般为6～8月份，晚于核桃黑斑病的发生。

核桃炭疽病危害果实状

该病的发生与雨量、管理水平、树势强弱、通风透光情况有关。雨季来得早、雨量大、树势弱、枝叶稠密、管理粗放者发病早而重。一般来说，内地核桃发病极少，引入的新疆核桃发病较多。

防治方法：加强栽培管理，及时除草松土和剪除枯枝、病枝及僵果，集中烧毁。保持园内通风透光，改善核桃园环境条件。

发病前喷1：1：200的波尔多液1次。发病期间，喷50%退菌特可湿性粉剂600～800倍液，或70%甲基托布津可湿性粉剂800～1 000倍液等，喷药时间可比防治核桃黑斑病适当晚些，根据病情每隔半月1次，直至采收前半个月停止，后期防治一定不能放松。

10.核桃枝枯病

危害枝干，有些地区发病株率达90%，引起大量枝条枯死，对树体生长及核桃产量均有很大影响。病菌先侵染枝梢及侧枝，多在1～2年生枝上发病，也有的病斑逐渐向下蔓延到多年生枝。受害枝上的叶片逐渐变黄而脱落。病枝皮层逐渐失绿，变成灰褐色，干燥开裂，并露出灰褐色的木质部，当病斑扩展绕枝干一周时，枝条逐渐枯死，直至全株死亡。在病死枝干的皮层表面产生许多突起的黑色小点，后期在黑色小点附近产生黑色小丘，在小丘上有几根近黑色的小毛。

枝枯病由真菌引起，病菌在病枝上越冬，为第二年初侵染来源。孢子借风雨等传播，从伤口或枯枝处侵入，逐渐蔓延侵害。此菌为弱寄生性，发病与树势强弱有密切关系。一般管理粗放、生长衰弱或受伤害的树受害重，生长健壮的树受害轻，空气湿度大或雨水多的年份发病重，干旱年份发病轻。此外，通风透光不良的核桃园发病较重，特别是受冻害的幼树极易感染此病。

防治方法：新建核桃园要适地适树，选用抗病力强的优良品种。加强栽培管理，可实行果粮间作，适当修剪，增强树势，提高抗病力。冬季进行树干涂白，以防冻、防虫、防病菌侵入。

涂白剂由生石灰12.5 kg、食盐1.5 kg、植物油0.25 kg、硫磺粉0.5 kg和水50 kg配制而成。在核桃修剪时，剪除病枝，集中烧毁，剪锯口用波尔多液涂敷，以防感病蔓延。对严重病株应及时砍除，减少病原。枝干发病，可用70%甲基托布津可湿性粉剂800～1 000倍液或70%多菌灵可湿性粉剂800～1 000倍液防治。

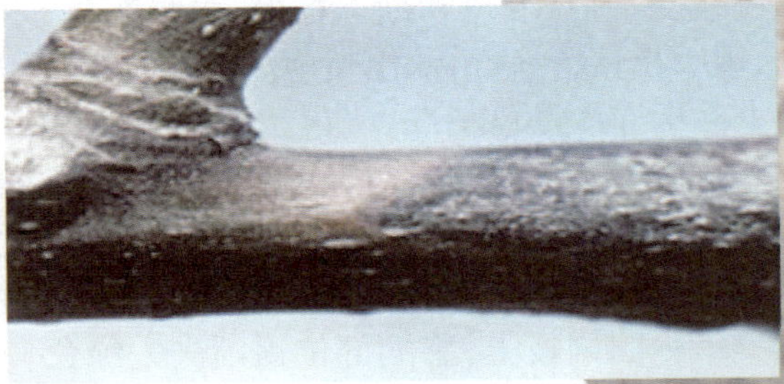

核桃枝枯病

11. 核桃腐烂病

核桃腐烂病又名黑水病，从幼树到大树均能受害。核桃进入开花结实后，如栽培管理放松，树势逐渐衰弱，腐烂病日趋严重，病树大枝逐渐枯死，结实能力下降，危害严重的整株死亡。尤其是新疆核桃产区发病较重，病株率可达80%左右。

该病主要危害枝干和树皮。因树龄和感病部位不同，其病害症状也不同。大树主干感病后，病斑初期隐蔽在皮层内，有时多个病斑连成大的病块，周围集结大量菌丝体，从皮层内溢出黑色黏液。后期病斑扩展，树皮纵裂，沿树皮裂缝流出黑水，干后发亮，似刷了一层黑漆。幼树主干和侧枝受害后，病斑初期近棱形，呈暗灰色，水浸状，微肿起，用手指按压病部，流出带泡沫的液体，有酒糟气味。病斑上散生许多黑色小点。当空气湿度大时，从小黑点内涌出橘红色胶质丝状物。病斑可沿树干纵横方向发展，后期病斑皮层纵向开裂，流出大量黑水。当病斑环绕树干一周时，幼树侧枝或全株枯死。枝条受害主要发生在营养枝或2～3年生的侧枝上，感病部位逐渐失去绿色，皮层与木质剥离迅速失水，使整枝干枯。

核桃腐烂病

核桃腐烂病是一种真菌所致。病菌以菌丝体及分生孢子器在病树上越冬。第二年早春树液流动时，病菌孢子借雨水、风力、昆虫等传播。从冻伤、机械伤、剪锯口、嫁接口等伤口侵入，逐渐扩展蔓延危害。一年中春、秋两季为发病高峰期，特别是4月中旬至5月下旬危害最重。一般管理粗放、土层瘠薄、排水不良、水肥不足、树势衰弱或遭受冻害及盐碱害的核桃树易感染此病。

防治方法：加强核桃树的栽培管理，提高树体营养水平，增强树势和抗寒抗病能力，是防治此病的基本措施。及时检查和刮除病斑。病斑最好刮成菱形，刮口应光滑、平整，以利于愈合。病斑刮除范围应超出变色坏死组织1 cm左右，要求做到“刮早、刮小、刮了”。以春天为重点，其次是秋天，刮下的病屑要集中烧毁。刮后病疤用50%甲基托布津可湿性粉剂50倍液，或50%退菌特可湿性粉剂50倍液，或5～10°Be石硫合剂，或1%硫酸铜液进行涂抹消毒。然后涂波尔多液［1：3：(13～15)，再加少量动物油］保护伤口。秋季采收后，结合修剪，剪除病虫枝，刮除病树树皮，收集烧毁，以减少病菌侵染来源。冬季刮净病疤，然后树干涂涂白剂，预防冻害、虫害。

附件一　核桃坚果和核桃仁商品分级标准及包装

1.核桃坚果商品分级标准及包装

根据我国国家标准局于1987年颁布的《核桃丰产与坚果品质》国家标准，将核桃坚果分为以下4级。

优级　要求坚果外观整齐端正（畸形果不超过10%），果面光滑或较麻，缝合线平或低；平均单果重不小于8.8 g；内褶壁退化，手指可捏破，能取整仁；种仁饱满，呈黄白色；壳厚度不超过1.1 mm；出仁率不低于59%；味香，无异味。

一级　外观同优级。平均单果重不小于7.5 g，内褶壁不发达，两个果用手可以挤破，能取整仁或半仁；种仁饱满，深黄白色；壳厚度1.2～1.8 mm；出仁率为50%～58.9%；味香，无异味。

二级　坚果外观不整齐、不端正，果面麻，缝合线高；平均单果重不小于7.5 g；内褶壁不发达，能取整仁或半仁；种仁深黄色，较饱满；壳厚度1.2～1.8 mm；出仁率为43%～49.9%；味稍涩，无异味。

等外　抽检样品中夹仁坚果数量超过5%。

标准中还规定，露仁、缝合线开裂、果面或种仁有黑斑的坚果超过抽检样品数量的10%时，不能列为优级和一级品。

核桃坚果包装一般都用麻袋，每袋装45 kg左右，包口用针线缝严，并在袋左上角标注批号。

根据外贸出口要求，核桃坚果按直径大小分为3等，一等为30 mm以上，二等为28～30 mm，三等为26～28 mm。出口核桃除要求按坚果大小的指标外，还要求壳面光滑、洁白、干燥（核仁含水量不超过6.5%），成品内不允许夹带任何杂果。不完善果（欠熟、虫蛀、霉烂及破裂果）总计不得超过10%。采用的包装可根据客商要求使用。

2.核桃仁商品的分级与包装

根据核仁颜色和完整程度将核桃仁划分8个等级（行业术语称“路”）：

白头路　1/2仁，淡黄色

白二路　1/4仁，淡黄色

白三路　1/8仁，淡黄色

浅头路　1/2仁，浅琥珀色

浅二路　1/4仁，浅琥珀色

浅三路　1/8仁，浅琥珀色

混四路　碎仁，种仁色浅且均匀

深三路　碎仁，种仁深色

在核桃仁分级收购时，除注意种仁颜色和仁片大小外，还要求种仁干燥，水分不超过5%；种仁肥厚、饱满，无虫蛀，无霉烂变质，无异味，无杂质。不同等级的核桃仁，出口价格不同，白头路最高，浅头路其次，但完全符合白头路和浅头路两个等级的商品量不大。我国大量出口的商品主要为白二路、白三路、浅二路和浅三路4个等级，混四路和深三路均作为内销或加工用。

核桃仁出口要求按等级用纸箱或木箱包装。作包装核桃仁木箱的木材不能有怪味。一般每箱核桃仁净重为20～25 kg。包装时应采取防潮措施，一般是在箱底和四周衬垫硫酸纸等防潮材料，装箱后立即封严、捆牢，并注明重量、等级、地址、货号等。

附件二　北京地区核桃生产与病虫害防治作业历

时期	物候期	作业内容	技术措施要求
3月份	萌芽前	1.整地、施肥、灌水	整地，秋季未施基肥的园片补施基肥，对土壤较瘠薄的地块可适量补充化肥。修树盘，浇萌芽水（对干旱缺水的地块可覆地膜保水）
		2.栽植	新栽园片要做好栽树前的准备工作，如挖定植穴（1 m见方），苗木、肥料的准备等，栽树时要严格按照技术规程操作，注意栽后苗木的管理等
		3.解除防寒	对防寒的幼树解除防寒
		4.播种	播种时床土要细，墒情要好，种子要催芽
		5.剪砧	夏季准备芽接的播种苗应进行剪砧（冬季越冬良好的地区可不进行）
		6.病虫害防治	①萌芽前喷3～5°Be石硫合剂，可有效防治核桃黑斑病、核桃腐烂病、螨类、草履蚧壳虫等病害的发生，对全年病虫害的防治起到至关重要的作用。②树干涂胶环：在树干涂约10 cm宽的粘虫带，粘住并杀死上树的草履蚧壳虫小若虫。注意涂前要将树干刮平，绑上塑料膜

续附件二

时期	物候期	作业内容	技术措施要求
4月份	萌芽、开花、展叶期	1.修剪	芽期，幼树整形修剪，早实密植园树形可采用开心形（无中央领导干，四周选留3～4个主枝）、小冠疏层形（有中央领导干，分2～3层，四周均匀选留5～7个主枝）、变则主干形（有中央领导干，不分层，四周均匀选留5～7个主枝）。对已成型的树，整形要根据具体情况因树做形，通过拉枝缓和长势，短截增强长势，也可通过疏果来调节长势，尽量使四周和上下的树势均衡。在保证内外有足够枝量的情况下疏除过密枝，使每个枝组有充分的生长空间，每个部位有良好的通风透光条件
		2.嫁接	苗木枝接和大树高接均用插皮舌接法，接穗要充实健壮。要做好接后的管理工作
		3.疏雄	雄花芽膨大期，可疏除80%～90%的雄花芽（中下部可多疏，上部可少疏），节约树体养分，增强树势，提高产量
		4.防霜冻	注意收听天气预报，在霜冻来临之前晚12时在四周点火熏烟
		5.病虫害防治：重点防治腐烂病、黑斑病、金龟子和草履蚧壳虫等病虫害	①春季是核桃腐烂病的发病高峰，也是其防治关键期，病斑应及早发现，及时治疗，清除病菌来源。病斑最好刮成菱形，刮口应光滑、平整，以利于愈合。病斑刮除范围应超出变色坏死组织1 cm左右。要求做到“刮早、刮小、刮了”，刮下的病屑要集中烧毁。刮后病疤用50%甲基托布津可湿性粉剂50倍液，或50%退菌特可湿性粉剂50倍液，或5°Be石硫合剂，或1%硫酸铜液进行涂抹消毒。②人工或黑光灯或安放糖醋盆诱杀金龟子，有条件的园片应安放频振式杀虫灯；树冠喷洒忌避剂：硫酸铜1 kg、生石灰2～3 kg、水160 kg；发病严重的园片要进行药剂防治：成

续附件二

时期	物候期	作业内容	技术措施要求
			虫羽化盛期和产卵高峰期，地面喷洒天杀星500～800倍液或1%绿色威雷2号微胶囊水悬剂200倍液。③草履蚧壳虫发病严重的地区，树下根颈部表土喷6%的柴油乳剂，或若虫上树初期用0.5%果圣水剂（苦参碱和烟碱为主的多种生物碱复配而成的广谱、高效杀虫杀螨剂）。1.1%烟百素乳油（烟碱、百部碱和楝素复配剂）也能收到一定效果。同时要保护好黑缘红瓢虫、暗红瓢虫等天敌。④雌花开花前后和幼果期喷50%的甲基托布津800～1 000倍液；40%的退菌特800倍液1～2次
5月份	果实膨大期	1.苗圃管理，高接后管理	高接树除萌、放风
		2.施肥、灌水	根据土壤墒情，有灌水条件的地方应普灌1次。5月中旬后可喷0.3%尿素或专用叶面微肥
		3.中耕除草	进行中耕除草，要求“除早、除小、除了”，并保证土壤疏松透气
		4.夏剪	5月中旬开始夏剪，疏除过密枝，短截旺盛发育枝（增加枝量，培养结果枝组，但对夏剪幼树的当年生枝和新生二次枝一定要做好防寒），幼树枝头不短截，继续延长生长，扩大树冠，可通过疏果来调整长势
		5.病虫害防治：核桃蚜虫、核桃举肢蛾	①核桃新梢生长期，易受蚜虫的危害，严重园片应进行药剂防治，可用吡虫啉药剂防治。②可用性诱剂监测举肢蛾的发生。树盘覆土防止成虫羽化出土

续附件二

时期	物候期	作业内容	技术措施要求
6月份	花芽分化及硬核期	1.芽接	6月份是芽接的黄金季节，芽接采用方块芽接，接穗要随采随接，避免长距离运输，接后留1～2片复叶
		2.高接树管理	高接树绑支架，除土袋
		3.中耕除草	中耕除草，用草覆盖树盘或翻压地下
		4.追肥	花芽分化前追肥，也可叶面喷肥
		5.病虫害防治：核桃举肢蛾木、尺蠖、刺蛾类、核桃瘤蛾、桃蛀螟、核桃小吉丁虫和核桃褐斑病、核桃炭疽病等病害。	夏季进入高温、高湿的季节，是各种病虫的高发期，应注意监测，及时进行防治，此期主要采取灯光诱杀和药剂防治的方法。应根据各种病虫害的发生发展规律抓住关键防治期进行喷药，严格按照要求选择用药，不用高毒、高残留和国家禁用农药，尽量采用各种低毒和生物、矿物和植物源类农药，不能随意降低药品的使用浓度
7月份	种仁充实期	1.芽接后的管理	芽接后及时去除萌蘖、及时解绑
		2.中耕除草	中耕除草（同上）。对水源条件较差的地块，要修树盘，覆草，以便蓄雨水，保墒情
		3.病虫害防治	捡拾落果、采摘虫害果及时烧毁或深埋；树干绑草诱杀核桃瘤蛾；灯光诱杀成虫；药剂防治各种病害同上

时期	物候期	作业内容	技术措施要求
8月份	成熟前期	1.排水 2.叶面喷肥 3.病虫害防治	8月份雨水多，对低洼地容易积水的地方，应挖排水沟进行排水 叶面喷肥：0.3%磷酸二氢钾1～2次，促进树体充实 同7月份
9月份	果实采收期	1.适期采收、采后加工处理	果皮由绿变黄，部分青皮开裂时采收，避免过早采收。采收后及时脱青皮，一般情况果实不需漂白，只用清水冲洗干净即可，洗后及时晾晒
		2.修剪	采果后进行修剪，对初果和盛果期树：培养主、侧枝，调整主、侧枝数量和方向，使树势均衡；疏除过密枝，达到外不挤，内不空，使内外通风透光良好，枝组健壮，立体结果；对放任树和衰老树：剪除干枯枝、病虫枝，回缩衰老枝，使树体及时更新复壮，维持树势
		3.施基肥	采果后进行，以有机肥为主，在树冠外围内侧环状挖沟（穴），或放射状挖沟，深50 cm，每株结果大树可施腐熟鸡粪20～50 kg，与表土混匀施入，也可与秸秆混施，或粗肥100～200 kg。施肥部位每2～3年轮换1次，根据土壤条件，可适当间歇
		4.病虫害防治	①结合修剪，剪除枯枝、叶片枯黄枝、落叶枝及病果并集中销毁。②注意腐烂病的秋季防治。方法同秋季防治

续附件二

时期	物候期	作业内容	技术措施要求
10月份	落叶前期	1.继续进行修剪和施基肥等工作 2.树干涂白防冻 3.注意大青叶蝉的防治	9月未做完施肥和修剪工作的园片要继续进行施肥和修剪工作，方法同9月份 大青叶蝉于10月上旬至中旬降霜前后开始在核桃枝干上产卵越冬，所以应注意：①产卵前树干涂白；②10月份霜降前喷4.5%高效氯氰菊脂1～500倍液
11月	落叶后期	1.秋耕 2.清园 3.浇防冻水	秋耕深翻。将树盘下的土壤进行深翻（20～30 cm），有利于根系生长和消灭越冬虫茧 清扫枯枝、落叶，集中烧毁或沤肥，消灭病虫害 土壤上冻前浇防冻水
12月份至2月份	休眠期	1.修剪 2.幼树防寒 3.继续清园 4.种子沙藏 5.采集贮藏接穗 6.其他工作	冬季修剪应尽量避开伤流期 上冻后对幼树进行防寒，可采用埋土法或缠裹法 继续进行清园工作，刮除粗老树皮，清理树皮缝隙 第二年要育苗播种的要进行种子沙藏 采集树冠外围发育枝，采后蜡封，再在山洞或地窖中用湿沙埋住 总结一年工作，交流经验；检修农机具，准备第二年的生产资料

图书在版编目(CIP)数据

北京市林果乡土专家培训系列口袋书——核桃篇/张洪,郝艳宾编著.—北京:中国农业大学出版社,2009.11

ISBN 978-7-81117-893-7

Ⅰ. 北… Ⅱ. ①张…②郝… Ⅲ. 核桃—果树园艺 Ⅳ. S66

中国版本图书馆 CIP 数据核字(2009)第 187789 号

书　　名　北京市林果乡土专家培训系列口袋书——核桃篇
作　　者　张　洪　　郝艳宾　编著

策划编辑　梁爱荣　　**责任编辑**　梁爱荣
封面设计　郑　川
出版发行　中国农业大学出版社
社　　址　北京市海淀区圆明园西路 2 号　　**邮政编码**　100193
电　　话　发行部 010-62818625,62731190　　读者服务部 010-62732336
　　　　　编辑部 010-62732617,2618　　出　版　部 010-62733440
网　　址　http://www.cau.edu.cn/caup　　**e-mail** cbsszs@cau.edu.cn
经　　销　新华书店
印　　刷　涿州市星河印刷有限公司
版　　次　2010 年 1 月第 1 版　　2011 年 6 月第 2 次印刷
规　　格　880×1 230　　32 开本　　1.75 印张　　44 千字
定　　价　本册定价:12.80 元(总定价:128.00 元)